秋
春阳如昨日，碧树鸣黄鹂。
芜然蕙草暮，飒尔凉风吹。
天秋木叶下，月冷莎鸡悲。
坐愁群芳歇，白露凋华滋。
二十四节气
大百科
◎梦动力童书/ 著
华东师范大学出版社
ECNUP
全国百佳图书出版单位

目录

二十四节气是什么？

这里提到的“秋分”就是二十四节气中的一个节气。二十四节气是中国传统文化的重要组成部分，在气象界被称为“**中国的第五大发明**”，并且在 2016 年被正式列入联合国教科文组织“**人类非物质文化遗产**”代表作名录。这么厉害的二十四节气到底是什么呢？

二十四节气起源于我国北方的黄河流域，这些地区的人民为了更好地适应农耕生产，长期观察黄河流域里的大自然气候、物候等季节变化规律，最终总结出一套包含地理气象和人文历史知识的体系——二十四节气，用来指导人们的生活和生产。

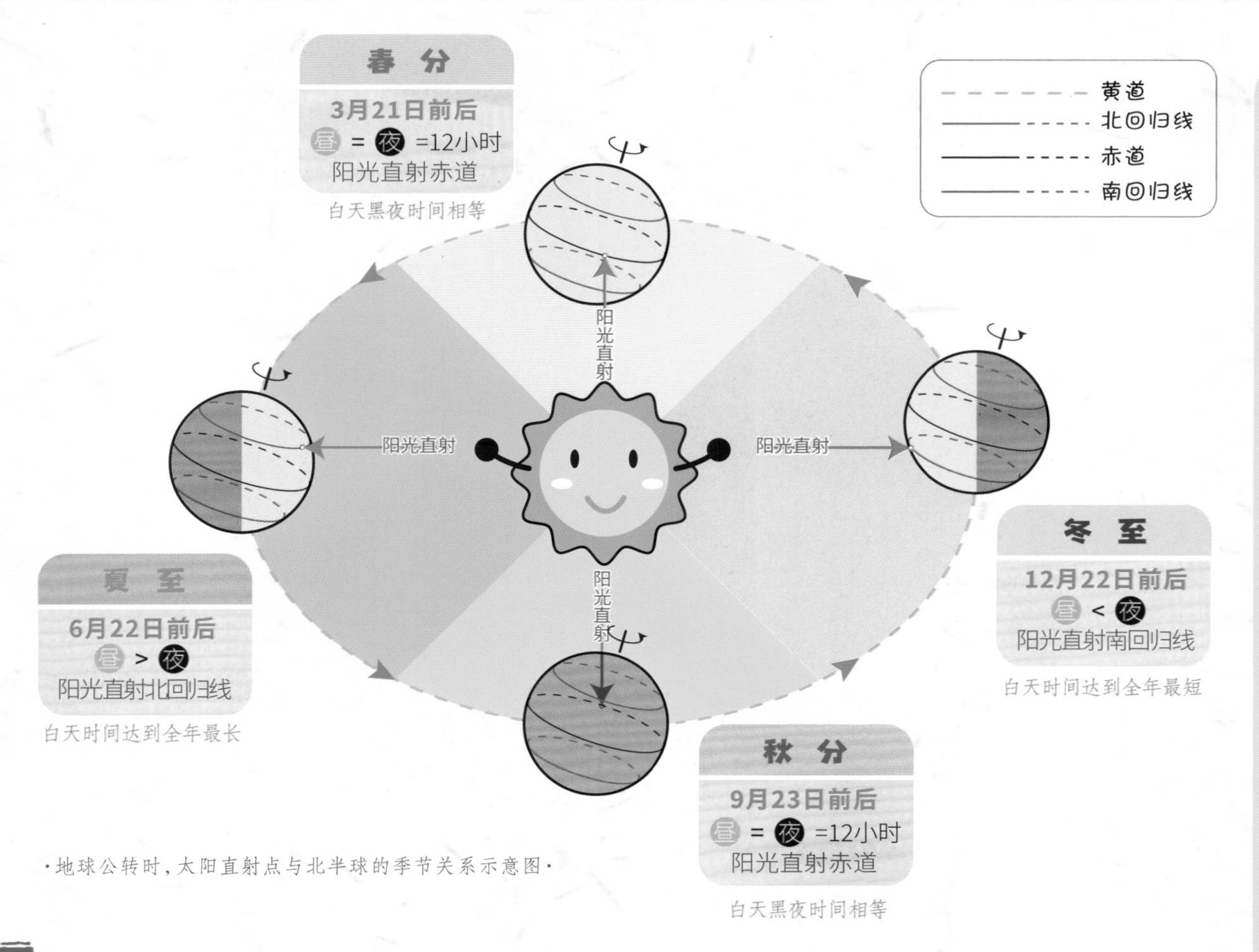

·地球公转时，太阳直射点与北半球的季节关系示意图·

二十四节气是按照太阳直射点在黄道（地球绕太阳公转的轨道）上的位置来划分的，春分、夏至、秋分和冬至既是每个季节里位置居中的节气，也是四个在黄道上有着特殊意义的节气。太阳在不同季节直射到地球的位置是不同的。

二十四节气有哪些节气呢？

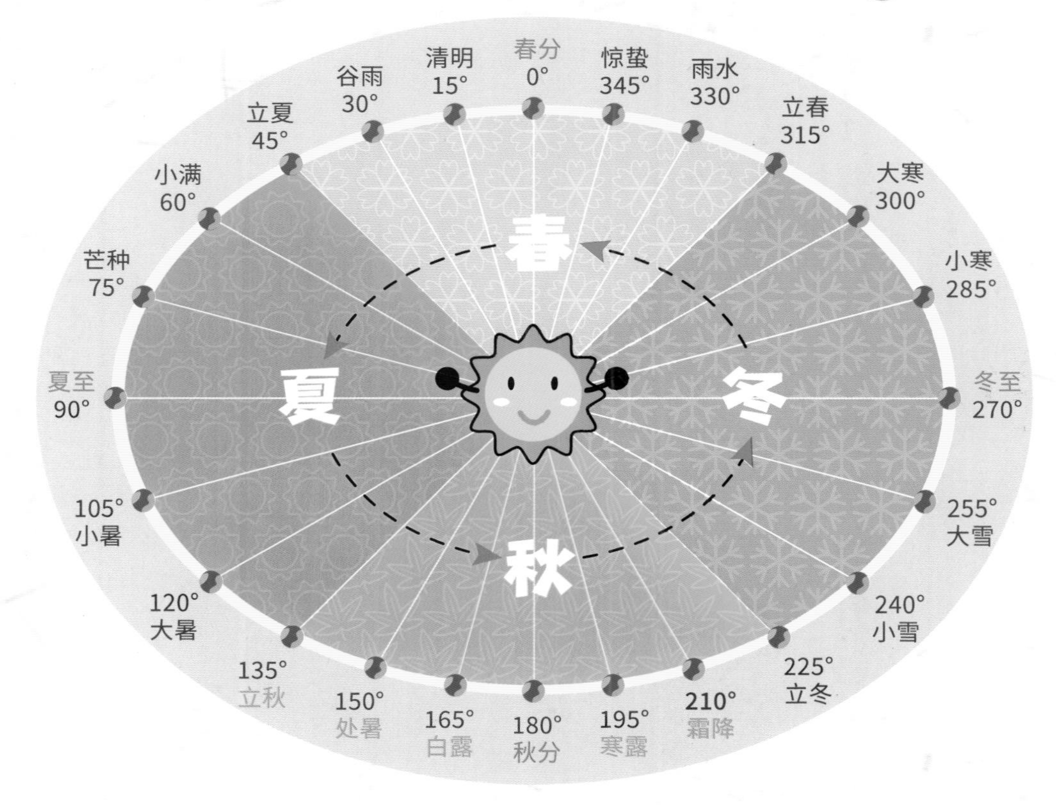

太阳直射点从春分点(即黄经0°，黄道坐标系中的经度)出发，每运行15°到达下一个节气，到下一个春分点刚好旋转一周，即360°，也就是一年，共经历24个节气。每个月有两个节气，每个节气间隔15天，而且古人还对二十四节气进行了细化——“候”，每5天为一候，所以每个节气会有三候，二十四节气总共七十二候。

由于二十四节气反映了地球绕太阳公转一周的运动，所以在公历的日期基本是固定的，上半年一般在6日和21日，下半年一般在8日和23日，可能相差1—2天。其中“**立春**”“**立夏**”“**立秋**”和“**立冬**”这“四立”代表着四季的起点。

为了更好地记忆二十四节气，人们编了下面这首朗朗上口的小歌谣，总结了二十四节气的名称、顺序和日期。

二十四节气歌

春雨惊春清谷天[1]，
夏满芒夏暑相连[2]。
秋处露秋寒霜降[3]，
冬雪雪冬小大寒[4]。
每月两节不变更[5]，
最多相差一两天[6]。
上半年来六廿一[7]，
下半年是八廿三[8]。

解析

①这里指春天的六个节气：立春、雨水、惊蛰、春分、清明、谷雨。

②这里指夏天的六个节气：立夏、小满、芒种、夏至、小暑、大暑。

③这里指秋天的六个节气：立秋、处暑、白露、秋分、寒露、霜降。

④这里指冬天的六个节气：立冬、小雪、大雪、冬至、小寒、大寒。

⑤这里指每个月基本固定有两个节气。

⑥这里的意思是每个节气在公历的日期基本是固定的，可能相差1—2天。

⑦这里的意思是上半年的节气基本在每月6日和21日。

⑧这里的意思是下半年的节气基本在每月8日和23日。

lì qiū
立秋

立秋是秋天的第一个节气，“立”是开始的意思，“秋”指庄稼成熟的时期，代表着秋天是收获的季节。立秋在每年公历**8月7日—9日**之间，这个节气并不代表秋天真正到来，此时暑气未消，很多地方仍处于高温闷热中，根据气候学的标准，当地连续5天的平均气温降到22℃以下才算真正进入秋天。

“秋老虎”是老虎吗？

“秋老虎”是指立秋后的短期回热天气。立秋后，白天还是十分炎热，气温有可能继续升高，但早晚会有点凉风，昼夜温差大，再加上此时雨水相对比较少，地表温度甚至可能超过盛夏，人们把这种天气称为“秋老虎”。每年“秋老虎”的天气大约是半个月到两个月左右，但立秋后总体的气温是慢慢转凉的。

秋天悄悄地来了，宋朝诗人刘翰朦朦胧胧地感受到秋天的到来，于是四处寻找着秋天的身影，结果是怎样的呢？

[宋]刘翰

乳鸦啼散玉屏空，

一枕新凉一扇风。

睡起秋声无觅处，

满阶梧叶月明中。

诗词赏析

小乌鸦啼叫着，叫声慢慢散去了，只空留下玉色的屏风在那里，显得更加冷清。一阵秋风吹过，突然感受到枕边非常清新凉爽，就像有人在床边扇扇子一样。睡梦中迷迷糊糊听到外面传来秋风拍打着树叶瑟瑟作响的声音，可是醒来去寻找却又没有找到什么，只看见梧桐叶落满了台阶，正静静地沐浴在皎洁的月光下。

凉风至

立秋之后，秋风吹过，人们会感觉到一丝丝凉爽，这时的风已经和夏天的热风不一样，天气也开始呈现转凉的趋势。

白露降

立秋以后，中午的天气依然很炎热，但是早晚气温较低，昼夜温差大，空气中含有的水蒸气在清晨时就会凝结成白雾，但还没形成露珠，特别是一些海边区域，经常会出现大雾弥漫的现象。

寒蝉鸣

寒蝉是蝉的一种，又叫秋蝉，比一般的蝉要小，喜欢在初秋的时候鸣叫。寒蝉开始鸣叫说明天气开始变凉了，是秋天的一种信号。

传统习俗

秋忙会

“秋忙会”指的是为了迎接秋忙而做准备的经营贸易大会，一般在农历七八月份举行，主要目的是变卖牲口、交流生产工具、交换粮食和生活用品等。秋忙会上设有骡马市、农具市、粮食市、杂货市……还会准备一些娱乐节目来助兴，比如戏剧、跑马、耍猴等。

晒　秋

秋天是农作物成熟的季节，为了防止农作物发霉，一些山区的村民会趁着天气晴朗的时候晾晒农作物，称为“晒秋”。这些山区的地势复杂，村庄平地比较少，村民一般是利用房前屋后的空地、自家阳台或屋顶来晾晒农作物，于是可以看到周围都堆满了五颜六色的成熟果实。

啃　秋

“啃秋”也叫“咬秋”。一些地区在立秋这天有“啃秋”的习俗，住在农村的人们就会在瓜棚下、树荫底，大家一起抱着西瓜啃、拿着玉米啃，而住在城里的人就直接买个西瓜回家，全家围坐在一起啃西瓜，表达人们对丰收的喜悦。

吃茄子

立秋前后是茄子的收获季节，这时候刚收成的茄子被称为“秋茄”。茄子含有蛋白质、维生素等多种营养成分，营养价值高，吃起来鲜嫩软糯，受到很多人的喜爱。

贴秋膘

“贴秋膘”指的是在立秋时节进补的习俗。民间流行在立秋这天称人，将体重与立夏时的对比，因为在炎热的夏天，胃口容易变差，整个夏天下来，体重可能会减少，这时候就需要进补，很多人会在立秋选择吃炖肉、烤肉、红烧肉等各种肉菜来补充下营养。

乞巧节

乞巧节也叫七夕节，在每年农历七月初七，刚好在立秋的前后。传说牛郎织女被王母娘娘强制分开，每年只能在这天通过喜鹊搭成的桥来相见，所以在七夕的夜晚，年轻女子们会在桌子上摆一些酒、水果等祭品来拜织女，并且在月光下穿针引线，乞求织女保佑自己能够心灵手巧，称为“乞巧”。

农事活动

●防旱和除草

立秋前后，大部分地区的气温还是比较高，各种农作物生长旺盛，干旱会严重影响到作物的成熟，所以保证水量充足是非常必要的。如果此时降水不足，就要适当采取灌溉措施，还要注意给作物施肥，保证产量。另外，这个时节杂草生长也比较旺盛，及时除去杂草也很重要。

立秋养生

· **生活上**　这个时节秋高气爽，作息应从炎热夏日的晚睡早起调整成早睡早起。虽然早晚比较凉爽，但穿衣方面不用穿太厚，否则会容易影响到人体对气候变化的适应能力。

· **饮食上**　秋天的气候比较干燥，可以多吃一些具有滋润作用的食物，比如银耳、百合、菠菜、鸡蛋等。除此之外，还可以吃些如苹果、葡萄、柚子等酸味水果，帮助增加肝脏功能，收敛肺气。

· **运动上**　秋季没有盛夏那么热，是锻炼身体的好时机，此时可以选择跑步、爬山、打羽毛球等适合秋天的运动，但应注意不要在吃饱后运动。

· **情绪上**　正如诗句所说“自古逢秋悲寂寥”，萧瑟的秋天容易产生伤感的情绪，这时要懂得主动排解心中的郁闷，保持内心平静。

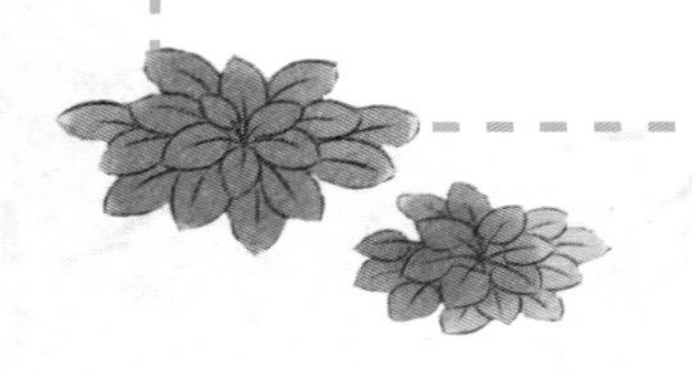

趣味小活动

1. 立秋之后，很多树的叶子开始变黄然后随风飘落，请你和爸爸妈妈去公园玩的时候，捡一些漂亮的落叶做成落叶书签送给小伙伴吧。

2. 秋天在你心中是什么样子的呢？请用彩笔把你心中的秋天画出来吧。

立秋小谚语

- 早上立了秋，晚上凉飕飕。
- 一场秋雨一场寒，十场秋雨要穿棉。
- 立秋早晚凉，中午汗湿裳。
- 立秋无雨是空秋，万物历来一半收。
- 立秋三场雨，秕稻变成米。
- 立秋三场雨，夏布衣裳高搁起。
- 立秋荞麦白露花，寒露荞麦收到家。
- 早晨立秋凉飕飕，晚上立秋热死牛。

处暑

chǔ shǔ

处暑在每年公历 8 月 22 日—24 日之间，是反映气温变化的一个节气。“处”是躲藏、终止的意思，“暑”指夏天，所以“处暑”的意思是炎热的夏天就要过去了。处暑过后，我国大部分地区雨季即将结束，降水开始减少，气温也会慢慢降低，提醒人们秋季正悄悄到来。

处暑代表炎热的夏天过去了吗？

并不是的，虽然这时候太阳直射点继续往南移动，但受到副热带高压的影响，天气晴朗少云，日照强烈，气温回升，气温仍然比较高，并没有完全进入凉爽的天气，特别是南方地区，还经常会出现 30℃以上的高温天气。

在这天高云淡、渐渐凉爽的时节，唐朝诗人孟浩然就用了一首优美的秋诗带我们感受浅秋特有的景色：

初 秋

［唐］孟浩然

不觉初秋夜渐长，

清风习习重凄凉。

炎炎暑退茅斋静，

阶下丛莎有露光。

诗词赏析

不知不觉已经进入了秋季，夜晚的时间慢慢变长了，一阵阵秋风吹过，凄凉之感仿佛变得更加强烈。炎热的暑热基本消退，房子周围也安静下来，往屋外看去，台阶下面的草丛上冒着露珠，还闪着点点露光。

处暑三候

一候 鹰乃祭鸟

鹰非常善于捕捉猎物，比如老鼠、蛇、小鸟等。这个时节鹰开始大量捕食鸟类，捕捉到后，由于不能同时吃那么多只，所以会先摆在一起，看起来就像祭祀一样。

二候 天地始肃

这个时节的气温开始逐渐下降，秋风萧瑟，许多树叶失去了生命力，慢慢变黄，然后飘落下来，世间万物开始凋零。

三候 禾乃登

这里的“禾”指高粱、稻谷等农作物，“登”是成熟的意思。这个时节很多农作物已经开始成熟，沉甸甸的果实压弯了腰杆，等待农家去收割采摘。

传统习俗

煲药茶

药茶有清热、去火、消食的功效，此时天气还会闷热，所以我国广东和广西地区有煲药茶的习俗，人们会根据在药店配制的药方回家煲药茶。

采菱

菱指的是菱角，一般生长在河湖沼泽地区。菱角含有丰富的蛋白质及多种维生素，既可直接吃，也可以煮熟后吃或者用来煲粥，具有清暑解毒的功效。这个时节正合适采菱，人们会乘着小舟去采摘菱角。

开渔节

处暑前后，鱼虾贝类发育成熟，但此时海域水温较高，鱼群还会停留在海域四周。这对于渔民来说是开始收获的时期，所以一些沿海地区会举行盛大的开渔节，欢送渔民出海捕鱼，等他们归来后就可以吃到各种各样的海鲜。

吃鸭肉

这个时节降雨减少，天气开始转凉，人体会明显感受到气候带来的干燥。为了缓解这种“秋燥”，民间会吃鸭肉等一些润燥的食物。鸭肉的做法也各式各样，有白切鸭、柠檬鸭、烤鸭、荷叶鸭等，而北京人习惯在这天吃一道“处暑百合鸭”，清润防燥。

中元节

中元节在农历七月十五，又叫“鬼节”，也是民间祭祖的传统节日，时间刚好在处暑前后。这天，人们会摆上酒菜等祭品祭奠逝去的人。

到了晚上，人们会放河灯，也就是“荷花灯”，在荷花形状的底座上放灯盏或蜡烛，再把荷花灯放在水面中，让它随意漂走。放河灯是为了对逝去亲人表示悼念，同时祈求家人平安健康。

● 及时蓄水

这个时节，我国华北、西北等大部分地区的降雨开始减少，为了防止过后农田出现干旱，要抓紧时机进行蓄水，保证农作物生长所需的水分。

● 防虫害

处暑前后，农作物容易出现病虫害，要加强田间管理，及时做好病虫害的防治工作，还要适当施肥，保证作物产量。

处暑养生

· **生活上**　此时昼夜温差比较大，晚上天气比较凉快，睡觉时要注意盖住肚子，避免受凉。白天在屋里尽量少开空调，可以多开窗通风。

· **饮食上**　处暑时节比较干燥，饮食要清淡，尽量少吃辛辣烧烤类食物，多吃富含维生素的新鲜蔬果，有利于帮助人体赶走疲劳。

· **运动上**　除了早睡早起，保证充足的睡眠，早晚可以加强锻炼，多做一些简单的运动，例如散步、慢跑、做操、爬山等，运动前做好准备运动，让身体得到舒展。

· **情绪上**　这个季节的天气容易引起情绪变化，所以要注意控制好自己的情绪，尽量不要大喜大悲，保持平和的心情。

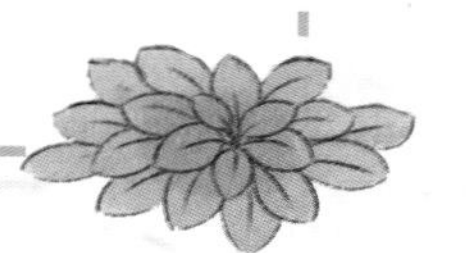

趣味小活动

1. 和爸爸妈妈一起用卡纸来制作一盏“荷花灯”吧。

2. 处暑时节，鹰开始大量捕食鸟类，请以这个为主题创编一个小故事，并讲给爸爸妈妈听吧。

处暑小谚语

❖ 处暑天不暑，炎热在中午。

❖ 处暑天还暑，好似秋老虎。

❖ 处暑处暑，热死老鼠。

❖ 处暑谷渐黄，大风要提防。

❖ 处暑收黍，白露收谷。

❖ 处暑栽白菜，有利没有害。

❖ 处暑好晴天，家家摘新棉。

❖ 处暑早的雨，谷仓里的米。

❖ 处暑栽，白露追，再晚跟不上。

bái lù
白露

白露在每年公历**9月7日—9日**之间，是秋季的第三个节气，也是一个反映气温变化的节气。此时天高云淡，天气由热转凉，白天和夜晚的温差渐渐增大，意味着凉爽的秋天真正到来了。

为什么会叫“白露”呢？

这个时节昼夜温差增大，白天气温较高，到了夜晚气温又迅速下降，空气中的水汽会凝结成无数的小水滴，也就是露珠，然后密集地附在花草树木上。当阳光照射下来，露珠看上去更加晶莹剔透、洁白光亮，所以叫“白露”。

被世人尊称为“诗圣”的唐代大诗人杜甫写过一首表达思乡之情的诗，里面就有提到白露节气：

月夜忆舍弟

［唐］杜甫

戍（shù）鼓断人行，边秋一雁声。

露从今夜白，月是故乡明。

有弟皆分散，无家问死生。

寄书长不达，况乃未休兵。

诗词赏析

秋季时节的边塞地区，戍楼上还是那单调的更鼓声，而天边孤独的大雁也在叫着，边塞显得更加荒凉和冷清。从今夜开始就要进入白露节气了，仰望夜空，发现还是故乡的月亮最明亮。兄弟们都分散在各地，平时寄书信也要很久才能到达，更别说现在战乱频繁了，很难联系上，不知道大家最近过得怎样。

白露三候

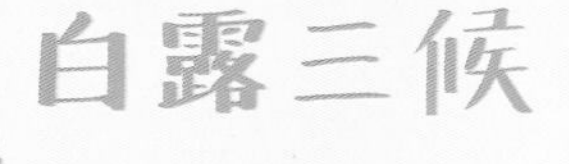

二候

玄鸟归

玄鸟指的是燕子，习惯在空中捕食飞虫。天气冷了，北方的昆虫就少了，没有食物来源的燕子只好在冬天来临之前成群飞回温暖的南方过冬。

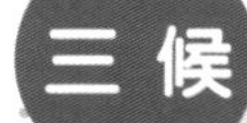

三候

群鸟养羞

“养羞”指的是储存食物。麻雀、喜鹊、乌鸦等称为“留鸟”，它们不会跟随季节迁徙，一直生活在同个地区。可是到了冬季，当地可以吃的食物减少，所以需要在这个时节提前啄取植物的果实和种子，储存食物来过冬。

一候

鸿雁来

鸿雁又叫大雁，是一种候鸟，会跟随季节的变化进行迁徙。天气逐渐变冷，大雁便开始成群结队地从北方飞往南方过冬。

传统习俗

到了白露时节，一些地区会有酿酒的习俗，人们会用糯米、高粱等五谷酿制“白露米酒”，用来招待客人。这种酒清香扑鼻、味道微甜，容易入口。

祭禹王

禹王指的是传说中的治水英雄大禹，也被称为“水路菩萨”。安徽太湖地区的人们会在每年正月初八、清明、七月初七和白露时节举行祭禹王的香会，期间会有唱戏等活动。这个时节除了祭禹王，人们还会祭祀土地神、花神、蚕花姑娘等。

打　枣

枣有平和脾胃的功效，可以用来泡水、熬汤、煮粥等。此时正是枣子成熟期，人们开始收枣，一般都是用竹竿轻轻地把树上的枣子打下来，注意打枣时用力要轻，以减轻对枣树的伤害，否则会影响来年枣树的产量。

吃龙眼

白露时节的天气比较干燥，需要多吃一些水分多的应季食物来缓解干燥，而龙眼本身有润肤美容、益气补脾等功效，再加上此时收获的龙眼果肉饱满、口感清甜，所以民间部分地方习惯在白露吃龙眼。

白露茶

这个时节不像夏季那么炎热，茶树也进入了生长旺期。白露茶喝起来味道非常独特，甘醇清香，既不会像春茶那样不耐泡，也没有夏茶那种苦涩，受到人们的喜爱。

农事活动

●采棉花

白露前后，棉花大面积绽放，吐絮的棉花可以随时采收了。收棉花最好在晴天和露水干了之后进行，因为棉絮被露水打湿后会变得潮湿，容易霉烂。

●防虫害

这个时节的天气有利于蔬菜生产，适合栽种白菜、小萝卜等冬天食用的蔬菜，栽种后注意做好病虫害的防治工作，以免影响蔬菜的收成。

白露养生

·生活上 这个时节昼夜温差大，早晚气温比较低，容易感冒，需要及时添加衣服，晚上睡觉时注意不要着凉。

·饮食上 此时天气以干燥为主，可以多吃一些富含维生素的食品，多吃葡萄等时令蔬果，补充各类营养物质，预防秋燥。

·运动上 这时候不冷不热，温度适宜，是进行户外运动的好时机，可以选择慢跑、打太极拳、骑自行车、跑步、爬山等运动。

·情绪上 气温下降容易影响到新陈代谢的功能，内分泌紊乱，情绪容易低落，需要做好心理调节，保持愉快的情绪。

趣味小活动

1. 带上小吸管和小瓶子，和爸爸妈妈一起去公园的花草丛中收集露水吧。

2. 新鲜的龙眼吃起来真甜，试着和爸爸妈妈一起把吃剩的龙眼核种在土里培育成小盆栽吧。

白露小谚语

❖ 白露打枣，秋分卸梨。

❖ 白露秋分夜，一夜凉一夜。

❖ 白露节，棉花地里不得歇。

❖ 白露秋分头，棉花才好收。

❖ 喝了白露水，蚊子闭了嘴。

❖ 草上露水凝，天气一定晴。

❖ 草上露水大，当日准不下。

❖ 白露播得早，就怕虫子咬。

秋分

qiū fēn

秋分在每年公历**9月22日—24日**之间。和春分一样，秋分是古人最早确立的节气之一，这天太阳会直射赤道，南北半球昼夜等长，都为12小时。“秋分”的“分”还有半的意思，秋分刚好处在秋季中间，代表秋天正好过去一半。

秋分很冷吗？

秋分过后，我国大部分地区进入了凉爽的秋季，昼夜温差渐渐加大，气温开始下降。对于我国长江流域及其以北的大部分地区来说，天气已经十分清凉，日平均气温降到22℃以下。有时北方的冷空气往南移动，与暖湿空气相遇会带来一次次的降雨，每次降雨过后，气温也会一步步下降，让人明显感到越来越冷。

此时已经进入凉爽的秋季，这样的气候最适合菊花生长。菊花开始慢慢绽放，十分美丽，唐朝诗人元稹就被这生机勃勃的菊花迷住了：

［唐］元稹

秋丛绕舍似陶家，

遍绕篱边日渐斜。

不是花中偏爱菊，

此花开尽更无花。

诗词赏析

一丛丛的秋菊争先恐后地开放着，围绕在屋子周围，看起来就像陶渊明的家一样。诗人绕着篱笆欣赏着这些充满活力的菊花，不知不觉已经到了太阳落山的时候。其实并不是在百花中偏偏只爱菊花，而是因为菊花在百花中是最后凋谢的，秋天的菊花开完之后就几乎没有其他花可以欣赏了。

二候

蛰虫坯（pī）户

坯在这里指细土。天气开始变冷了，小虫子开始躲进洞穴中，用细土把自己的洞口封起来，以便抵御寒冷。一些动物如松鼠、兔子、狐狸等也开始储藏食物，准备过冬。

秋分三候

一候

雷始收声

进入秋分时节以后，秋风萧瑟，气温慢慢下降，降水开始减少，电闪雷鸣的现象也逐渐变得少见，不再像夏季那么多轰隆隆的雷声。

三候

水始涸

这个时节降水开始减少，天气干燥，水分蒸发快，所以湖泊与河流中的水也逐渐变少，一些沼泽及水洼就变得干涸起来了。

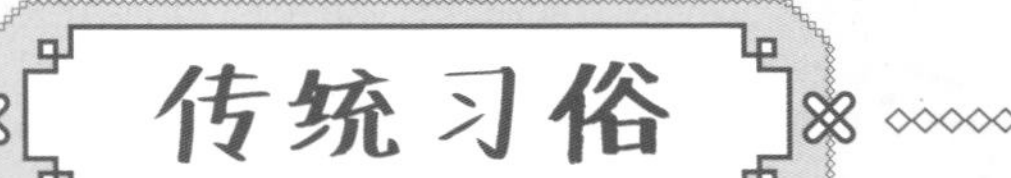

吃蟹

俗话说“秋分吃蟹忙”，这个时节的螃蟹不但肉质鲜嫩，非常美味，而且本身含有丰富的蛋白质，还有钙、磷、铁以及维生素A等营养元素，帮助人体提高免疫力。

庆丰收

古时候乡村会在秋分这天设立秋社来祭祀土地神，人们会把新收的农作物拿来供奉神灵，庆祝丰收。此外，秋社还是乡里宗族的一次大型集会，大家聚在一起喝酒和品尝美食。从2018年开始，每年的秋分日被设立为“中国农民丰收节”，体现了对农事节庆传统的弘扬和继承。

赏桂花

秋分前后，正好是桂花飘香的季节，桂花的颜色有很多，比如金黄色、黄白色、橙红色等。桂花除了观赏，还可以做成美食，如桂花糖、桂花糕、桂花酒和桂花茶……其中桂花茶入口香甜，有温补的功效；桂花酒香甜醇厚，有开胃的功效……每种食物都散发着浓浓的桂花香，受到人们的喜爱。

吃月饼

月饼是中秋节的时节食品，在古时候也叫“小饼”或“月团”，寓意着团团圆圆。月饼的主要成分是面粉，但因配料、调制方法以及各地食俗的不同，口味变得非常多样。月饼的配料中常有莲蓉、五仁、枣泥、豆沙等高热量、高脂肪、高糖分的食物，所以不能吃太多。

秋祭月

古代人有“春分祭日、夏至祭地、秋分祭月、冬至祭天”的习俗。一开始“祭月节”定在秋分日，但是秋分这天不一定有圆月，而祭月的重点是月亮，所以后来把“祭月节”改到每年的农历八月十五，慢慢演变成现在的“中秋节”。

中秋节

中秋节，又称为“月亮节”“团圆节”等，起源于古时的“祭月节”，时间在每年农历八月十五，是我国民间的传统节日之一，与春节、清明节、端午节合称为“中国四大传统节日”。月圆寓意着团圆，中秋节借月圆来寄托人们对亲人和故乡的思念，表达大家祈求丰收和幸福圆满的美好愿望。

中秋节这天，无论相隔多远，在外地的人们都会习惯赶回家与家人团聚。等到晚上明月出来后，人们会在桌子上摆满各种时令水果和不同口味的月饼，然后一家人围坐在桌前一起赏月、吃月饼。

中秋节很多地方还会有玩花灯的习俗。花灯也叫“彩灯”或“灯笼”，月圆之夜，民间会制作花鸟虫鱼等各种各样不同形状的彩灯来进行装饰，到处洋溢着浓浓的节日气息。

农事活动

●秋收、秋耕、秋种

这个时节正是秋收、秋耕、秋种的大忙时期。此时天气渐渐降温，有时会带来降雨，所以需要及时抢收农作物，避免庄稼受到阴雨或者霜冻的影响，导致收成不好。在收割晚稻的同时也要注意提前耕地，做好冬小麦的播前准备。

秋分养生

· **生活上**　胃肠道对寒冷的刺激非常敏感，秋分过后，气候变冷，此时要特别注意胃部的保暖，及时增减衣服，夜晚睡觉时盖好被子。

· **饮食上**　这个时节的天气比较干燥，要多喝水，食物最好以清润为主，比如核桃、蜂蜜、梨等，具有生津润肺的功效。

· **运动上**　这时候天高气爽，平时运动锻炼可以选择爬山、慢跑、散步、打球、健身操等活动，有助于让身体机能保持在良好状态。

· **情绪上**　此时最主要的是保持乐观开朗的心态，要看到事情积极的一面，尽量避免忧郁、惆怅等不良情绪。

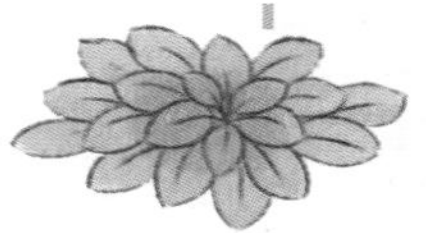

秋分小谚语

❖ 白露早，寒露迟，秋分种麦正当时。

❖ 勿过急，勿过迟，秋分种麦正适宜。

❖ 秋分到寒露，种麦不延误。

❖ 一年辛勤盼个秋，棉花拾净才说收。

❖ 秋分种小葱，盖肥在立冬。

❖ 秋分种，立冬盖，来年清明吃菠菜。

❖ 夏忙半个月，秋忙四十天。

❖ 秋忙秋忙，绣女也要出闺房。

趣味小活动

1. “果实印画”：秋天是成熟的季节，请用一张白纸画好一棵只有叶子的树，然后用手指蘸取不同颜色的颜料点印在这棵树上，代表树上成熟的果实，做好后展示给爸爸妈妈看吧。

2. “一叶知秋”：秋天是落叶的季节，请和爸爸妈妈到公园去收集落叶，做成一本秋天的落叶粘贴画册吧。

寒露

hán lù

寒露在每年公历 **10 月 7 日—9 日**之间，“寒”代表寒冷，“露”指露水。寒露之后，气温持续下降，雨水减少，昼夜温差大。此时南方地区还是秋高气爽，但北方地区已经呈现一派深秋景象，气候由凉爽转为寒冷。

寒露和白露有什么不同？

与白露相比，寒露时节的气温会下降得更低，地面上形成的露水也变得更多、更冷，几乎快要凝结成霜，有些地方甚至会出现霜冻。

寒露前后正好是重阳节，从古代开始，人们就有登高远望的习俗。有一年，唐代诗人王维独在外地，在重阳节更加思念家乡的亲人，于是写下了这首诗：

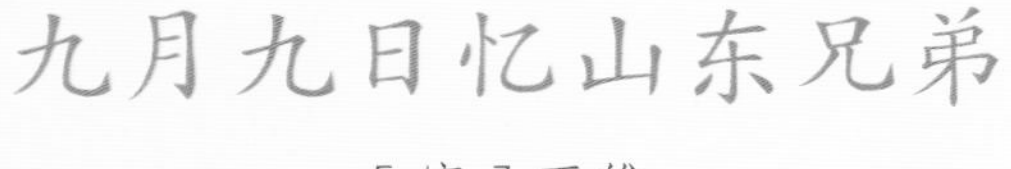

九月九日忆山东兄弟

［唐］王维

独在异乡为异客，

每逢佳节倍思亲。

遥知兄弟登高处，

遍插茱萸少一人。

诗词赏析

我（诗人）独自漂泊在外地，每逢节日到来都会更加思念家乡的亲人。重阳时分，家乡的兄弟们应该在登高吧，插戴茱萸的时候，估计会因为少了我这个亲人而感到遗憾。

寒露三候

一候 鸿雁来宾

秋分时节，大雁成群结队地排成“人”字或“一”字往南飞，不过肯定有先来后到，那么后到者就是“宾”。相对于白露时节的大雁，这时的大雁属于后来才到，所以这时来的大雁就像宾客一样。

二候 雀入大水为蛤（gé）

进入深秋，天气转冷，雀鸟因为冷都躲藏起来了。而这时蛤蜊大量出现在海边，花纹的颜色和雀鸟十分相似，于是，古人就认为蛤蜊是雀鸟入水后变成的。

三候 菊有黄华

这时，不怕寒冷的菊花已经绽放开来，颜色各种各样，寓意着吉祥和长寿。这个时节最适合赏菊了，菊花除了观赏价值，还可以做成菊花茶，有清热降火的功效，受到人们的喜爱。

传统习俗

吃芝麻

寒露前后，天气比较干燥，而芝麻有润燥的功效，于是民间有“寒露吃芝麻”的习俗。人们会用芝麻做成各类食品，如芝麻绿豆糕、芝麻酥、芝麻烧饼等，这些食品受到了大家的欢迎。

吃花糕

花糕也叫“重阳糕”，是传统节令食物，用米粉、豆粉等原料做成糕点，夹着枣、栗子、杏仁等蜜饯干果，然后加糖蒸制，做法与蒸年糕相同。花糕的味道香甜可口，很受儿童喜爱。

秋钓边

寒露时节，气温快速下降，阳光不像夏季那样猛烈，晒不到深水区，只能晒到浅水区，于是鱼儿会集中游向更温暖的浅水区，因此这个节气正是在水边钓鱼的大好时机。

重阳节

重阳节又称“踏秋”，在每年农历九月初九，是中国民间的传统节日。发展到后来，重阳节又增加了敬老的含义，1989 年，我国把这一天定为“敬老节”。

古时有重阳插戴茱萸的习俗。茱萸可以入药，有杀虫消毒、驱寒的功效，人们在这天会头插茱萸，或者佩戴茱萸香囊。

民间还有祈福祭祀、登高、赏菊、饮菊花酒等习俗。重阳节秋高气爽，人们邀约亲朋好友，登高望远。有些地方还会摆敬老宴、组织老年人秋游，寄托人们对老人健康长寿的祝福。

农事活动

●勤翻地

此时天气变冷，害虫躲到地下活动，所以要勤翻土地。疏松土壤的同时还能破坏地下的虫洞，把地下的害虫翻到地上，害虫就会被冻死，能有效减少害虫的危害。

●防霜冻

晚秋收获的稻谷容易受到霜冻的影响，此时需要在霜冻到来的时候及时灌水保温，可以很大程度上减轻霜冻对晚稻的危害。

寒露养生

·生活上　此时气温降得更低了，明显感到丝丝的寒意，很容易引起感冒，所以要注意及时增添衣物、盖好被子，做好保暖工作，预防受凉感冒。

·饮食上　这时候受到天气的影响，容易口干舌燥，可以多吃芝麻、核桃、萝卜、莲藕等具有滋润功效的食物，还需注意多补充水分，多吃雪梨、苹果、香蕉、葡萄等水果。

·运动上　由于寒露前后气温变化大，人体很难及时适应，这时要避免做太剧烈的运动，尽量选择一些如健走、慢跑等比较缓和的运动。

·情绪上　这个时节秋风萧瑟，花木凋零，容易有悲秋伤感的情绪，可以在阳光明媚的天气外出郊游，观赏风景，保持舒畅的心情。

趣味小活动

1. 快动手做一做重阳节贺卡送给家里的老人家吧，并和他们说说悄悄话，表达一下自己的感恩和关爱。

2. 找个好天气，和爸爸妈妈一起出去钓鱼吧。

寒露小谚语

❖ 吃了重阳糕，单衫打成包。

❖ 寒露到，割晚稻；霜降到，割糯稻。

❖ 棉怕八月连阴雨，稻怕寒露一朝霜。

❖ 寒露收山楂，霜降刨地瓜。

❖ 寒露不刨葱，必定心里空。

❖ 寒露柿红皮，摘下去赶集。

❖ 寒露三日无青豆。

❖ 白露谷，寒露豆。

❖ 寒露收豆，花生收在秋分后。

霜降一般在每年公历**10月22日—24日**之间，是秋季的最后一个节气。到了霜降，意味着秋天即将过去，寒冷的冬天渐渐来临。这个时节昼夜温差变化大，早晚气温较低，天气转为寒冷。

霜降时节，“霜”是从天上降下来吗？

其实，“霜”并不是从天上降下来的，而是因为靠近地面的空气遇冷而降温到霜点以下，然后在植物或其他物体表面凝华成白色的冰晶，就成为了“霜”。

深秋时节，唐代诗人杜牧坐着马车颠簸了一天，在傍晚时分来到了一片山林前，突然被眼前的景色吸引住了：

山行

［唐］杜牧

远上寒山石径斜，

白云生处有人家。

停车坐爱枫林晚，

霜叶红于二月花。

诗词赏析

秋风萧瑟，吹来丝丝寒意，山间有一条弯弯曲曲的石头小路伸向山顶。抬头望去，在那白云缭绕的地方，隐隐约约看到有几户人家。我太喜爱这深秋傍晚的枫树美景了，于是迫不及待地停下马车来欣赏。只见那经过风霜的枫叶开得火红火红的，比二月春光里的鲜花还要红艳。

霜降三候

一候

豺乃祭兽

豺是凶残和灵活的犬科动物，体型虽然比狼小，但战斗力要比狼强。这个时节，豺开始大量捕获猎物，捕多了吃不完，于是摆在那里，就像在祭祀一样。

二候

草木黄落

俗话说“霜降杀百草”，指的就是气候逐渐寒冷，草木受到霜的影响而失去了生机，开始凋零，树叶枯黄飘落下来，不耐寒的农作物也停止生长。

三候

蛰虫咸俯

蛰虫感受到气候变冷了，于是开始躲进洞中不活动，准备进入冬眠状态，以此度过即将到来的寒冬。

传统习俗

进 补

霜降是个进补的好时节，正所谓“冬补不如霜降补”。又因牛肉蛋白质含量高，有滋养脾胃、强健筋骨等功效，不少地方都有霜降吃牛肉大餐的习俗。

赏 枫

霜降前后，天气变冷，枫树、黄栌树等树木的生长减慢，树叶里的叶绿素也逐渐减少，花青素增多，绿叶就变成了美丽的红叶。远远望去，漫山遍野都是红色和黄色的叶子，颜色艳丽，非常壮观。

赏 菊

霜降时节，秋菊正开得旺盛，我国很多地方会举行菊花会，大家一边喝菊花酒一边赏菊，表达了人们对菊花的喜爱和崇敬。

吃柿子

霜降时节，柿子成熟得刚好，这时的柿子皮薄肉多、味道鲜美。“霜降吃灯柿，不会流鼻涕。”柿子营养丰富，民间认为霜降吃柿子，冬天就不会感冒、流鼻涕，可以防寒保暖。人们还会将柿子晒干做成柿饼，一年中随时都可以吃，值得注意的是最好不要空腹吃柿子。

缝制棉衣

“七月流火，九月授衣”，古时到了农历九月，天气慢慢变冷，朝廷就开始分发棉衣给大家御寒，女子们也开始陆陆续续缝制寒衣准备过冬了。

农事活动

●收割作物

霜降前后，庄稼地里的土豆、萝卜、白菜等农作物都可以收割了，同时农田也要进行耕翻，保持土壤的健康。

●防霜冻

播种时可以适当早种，尽量错开晚秋霜冻，还要注意适时浇水，保持土壤湿润，避免土壤散热太快而让作物受到冻害。另外，勤锄地来提高地温也可以有效帮助作物防寒。

霜降养生

·**生活上** 此时天气变冷，要及时增添衣物，多注意脚部和胃部的保暖，睡前可以用热水泡脚，有助于缓解一天的疲劳，帮助入睡。

·**饮食上** 这时天气变冷，秋燥明显，经常会出现鼻咽干燥、干咳少痰、皮肤干裂等症状，可以适当多吃一些润燥的食物，如萝卜、栗子、秋梨、百合、蜂蜜等。

·**运动上** 这时可以加强体育锻炼，增强人体抗病能力，适当参加一些有益身心的运动，如登山、广播操、太极拳、散步、慢跑等。

·**情绪上** 到了深秋，阳光减少，人们容易情绪消沉，此时可以多找亲朋好友聊聊天，排解一下心中的郁闷，帮助调整好情绪。

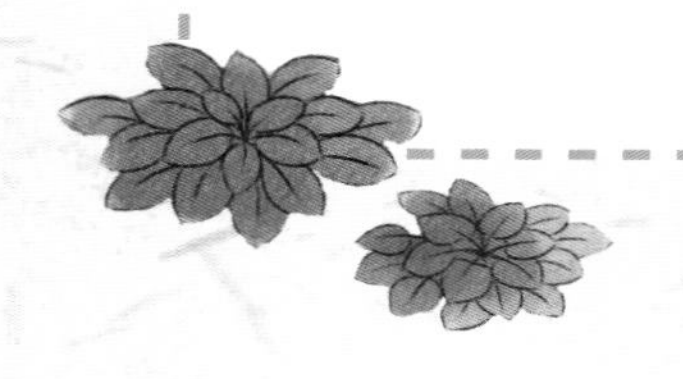

趣味小活动

1. 枫叶开得火红火红的，真漂亮，请动动手制作一枚枫叶书签送给小伙伴吧。

2. 和爸爸妈妈一起出去赏秋，然后拍一些秋天的照片来做成一本秋景照片集吧。

霜降小谚语

- 寒露早，立冬迟，霜降收薯正适宜。
- 今夜霜露重，明早太阳红。
- 晚稻就怕霜来早。
- 迎伏种豆子，迎霜种麦子。
- 时间到霜降，种麦就慌张。
- 霜降播种，立冬见苗。
- 寒露种菜，霜降种麦。
- 霜降拔葱，不拔就空。
- 霜降不摘柿，硬柿变软柿。
- 轻霜棉无妨，酷霜棉株僵。